BEI GRIN MACHT SICH
WISSEN BEZAHLT

- Wir veröffentlichen Ihre Hausarbeit,
  Bachelor- und Masterarbeit

- Ihr eigenes eBook und Buch -
  weltweit in allen wichtigen Shops

- Verdienen Sie an jedem Verkauf

Jetzt bei www.GRIN.com hochladen
und kostenlos publizieren

Stephanie Goldmann

Bedeutung der Toxikologie von Quecksilber in der Nahrungskette

GRIN Verlag

Bibliografische Information der Deutschen Nationalbibliothek:

Die Deutsche Bibliothek verzeichnet diese Publikation in der Deutschen National-
bibliografie; detaillierte bibliografische Daten sind im Internet über http://dnb.d-
nb.de/ abrufbar.

Impressum:

Copyright © 2013 GRIN Verlag GmbH
Druck und Bindung: Books on Demand GmbH, Norderstedt Germany
ISBN: 978-3-656-45329-1

Dieses Buch bei GRIN:

http://www.grin.com/de/e-book/229506/bedeutung-der-toxikologie-von-quecksilber-
in-der-nahrungskette

Inhaltsverzeichnis

I. Abbildungsverzeichnis

II. Tabellenverzeichnis

 Rückstandstoxikologie

Hochschule für Technik
und Wirtschaft Berlin

University of Applied Sciences

Bedeutung der Toxikologie von Quecksilber-Ionen und deren Verbindungen in der Nahrungskette

1. Einleitung

Die Giftwirkung von Quecksilber ist schon seit seiner Entdeckung bekannt und hängt im Wesentlichen von seiner chemischen Form ab. Quecksilber kommt elementar, als anorganisches Quecksilbersalz und organisch gebunden vor.
Metallisches Quecksilber, welches oral aufgenommen wird ist wenig toxisch. Die Toxizität von organisch gebundenen Quecksilberverbindungen ist wesentlicher höher. Vor allem die des Methylquecksilbers. Methylquecksilber entsteht aus dem elementaren Quecksilber und die Einwirkung von Mikroorganismen. Auf Grund der lipophilen Eigenschaften ist das Methylquecksilber in der Lage Membranen zu durchdringen und sogar die Blut-Hirn Schranke sowie die Plazenta-Schranke zu überwinden. Schwere Schädigungen des Zentralen Nervensystems und zum Teil irreversible Hör- und Sehstörungen sind Folgen dieser Vergiftung.
Die Hauptquelle für das Methylquecksilber in der Nahrungskette bildet Fisch aus methylquecksilberhaltigen belasteten Gewässern.
Ein sehr bekannter Fall von Methylquecksilber-Vergiftungen ereignete sich in der Zeit von 1930 bis 1968 in der japanischen Küstenstadt Minimata. Die Menschen dort litten plötzlich unter Lähmungserscheinungen in den Beinen und Händen, Müdigkeit, Ohrensausen, eingeschränkter Sehkraft und undeutlicher Sprechweise. Andere Betroffene waren geistig verwirrt, verloren das Bewusstsein und starben innerhalb eines Monats nach Ausbruch der Krankheit.
Auch wenn Frauen keine Anzeichen einer Quecksilbervergiftung zeigten, wurden deren Kinder mit der Minimata Krankheit geboren. Hervorgerufen durch Methylquecksilber welches die Mütter durch belasteten Fisch zu sich genommen haben, und auf Grund der Plazentagängigkeit auf den Fötus übertragen haben.
Erst im Jahre 1956 wurde die Krankheit entdeckt und im Jahre 1968 gab die japanische Regierung bekannt, dass es sich um eine Umweltkrankheit handelt die durch die Firma Chisso verursacht worden ist. Diese hatte ihre unbehandelten Abwässer in das Meer geleitet und somit zu dieser Katastrophe geführt. In der Fabrik wurde Acetaldehyd mit Hilfe von Hg^{2+} Salzen als Katalysator hergestellt. Pro Tonne Acetaldehyd gingen etwa 1 kg Quecksilber auch ins Abwasser. Fische und Schalentiere reicherten Methylquecksilber in ihrem Fleisch an und da sich die Bevölkerung vorwiegend von Fisch und Schalentieren ernährte, konnte es zu dieser schleichenden Quecksilbervergiftung kommen.
Der Fall aus Minimata zeigte wie schwerwiegend Vergiftungen mit Quecksilber sein können. Auch im Irak gab es eine schwere Massenvergiftung durch das Methylquecksilber. Das für die Brotherstellung verwendete Getreide war Weizen, welches zuvor mit einem methylquecksilberhaltigen Fungizid behandelt worden ist. Die Folgen waren ähnlich denen in Minimata [1,2].

2. Quecksilber und seine Verbindungen

2.1. Chemische und Physikalische Eigenschaften von Quecksilber

Quecksilber ist ein chemisches Element mit dem Symbol Hg und der Ordnungszahl 80. Es ist ein silberweißes Schwermetall und das einzige Metall welches unter Normalbedingungen flüssig vorliegt. Auf Grund seiner großen Oberflächenspannung bildet Quecksilber Tropfen, d.h. es benetzt seine Oberflächen kaum (Abb. 1). Außerdem hat Quecksilber einen hohen Dampfdruck und verdunstet, auf Grund der großen Oberfläche der Tropfen, bei Raumtemperatur. Die Dämpfe sind vom Menschen nicht wahrnehmbar und schwerer als Luft.

Abbildung 1: Quecksilbertropfen auf einer Holzoberfläche [3]

Quecksilber leitet den elektrischen Strom, aber im Vergleich mit den anderen Metallen ist die elektrische Leitfähigkeit schlecht.
Quecksilber besitzt die Fähigkeit andere Metalle aufzulösen. Dabei entstehen Legierungen, den sogenannten Amalgamen. Amalgame entstehen aus flüssigen Quecksilber in denen die Metalle aufgelöst werden. In einer chemischen Reaktion härtet das Gemenge anschließend aus. Keine Amalgame mit Quecksilber bilden Eisen, Mangan, Nickel, Kobalt, Wolfram u. Molybdän.
Quecksilber ist geruchslos und unlöslich in Wasser.
Nach dem Chemikaliengesetzt (ChemG) wird Quecksilber als giftig (T) und umweltgefährdend (N) eingestuft und ist dadurch stark wassergefährdend (Wassergefährdungsklasse 3). Quecksilber besitzt die Wertigkeiten I und II [4,5].

2.2. Vorkommen und Gewinnung von Quecksilber

Große Quecksilbervorkommen gibt es in Serbien, Italien, China, Russland und Spanien. Als Mineral, in Form von Zinnober (HgS), findet man es in Gebieten mit ehemals großer Vulkanischer Aktivität. Quecksilber kommt zu 0,00005% in der Erdkruste vor. Durch Vulkanausbrüche kommen jedes Jahr 500 – 5000 t HgS hinzu.
Das größte Zinnober-Vorkommen gibt es im spanischen Ort Almadén, in dem schon seit der Antike Quecksilber gewonnen worden ist.
Weitere wichtige Quecksilbererze sind Quecksilberhornerz (Hg_2Cl_2), Tiemannit (HgSe), Koloradoit (HgTe) und Kokzinit (Hg_2J_2) [6].

Reines Quecksilber kann man durch das Röstverfahren gewinnen. Dabei lässt man das Quecksilbererz Zinnober mit Sauerstoff bei 600 °C reagieren ($HgS + O_2 \rightarrow Hg + SO_2$).
Dabei entweichen das Quecksilber und das Schwefeldioxid gasförmig. Das Quecksilber wird beim Abkühlen flüssig und wird anschließend mit konzentrierter Schwefelsäure (H_2SO_4) gereinigt.

Rückstandstoxikologie

Eine weitere Methode um Quecksilber zu gewinnen, ist die Umsetzung mit Eisenspänen
(HgS + Fe → Hg + FeS) oder gebrannten Kalk (4 HgS + 4 CaO → 4 Hg + 3 CaS + $CaSO_4$) [5].

Anorganische Quecksilberverbindungen (Hg^{1+}, Hg^{2+}) entstehen aus Quecksilber in Verbindung mit
nichtmetallischen Elementen wie z.b. Chlor, Schwefel oder Sauerstoff. Dazu gehören z.b. die
Quecksilbersalze Quecksilbersulfid (HgS), Quecksilberoxid (HgO) und Quecksilberchlorid (Hg_2Cl_2,
$HgCl_2$).

Organisch gebundenes Quecksilber ist über eine kovalente Bindung zwischen dem Quecksilber und
dem Kohlenstoff in den Verbindungen verknüpft. Zu diesen Verbindungen zählen u.a.
Mehtylquecksilberverbindungen und Dimethylquecksilberverbindungen [8].

2.3. Verwendung von Quecksilber und seinen Verbindungen

Quecksilber und seine Verbindungen haben verschiedene Verwendungsmöglichkeiten. Elementares
Quecksilber (Hg^0) findet u.a. Verwendung in der Zahnmedizin. Für Zahnfüllungen werden Amalgame
mit einem Quecksilberanteil bis zu 50% verwendet. Als Füllmaterial findet Quecksilber Anwendung
in Batterien, Leuchtstoffröhren, Blutdruckmessgeräten und Thermometern. Die Hauptmenge des
gewonnenen flüssigen Quecksilbers dient bei der Chlor-Alkali-Elektrolyse im Amalgamverfahren als
Kathodenmaterial.
Anorganisches Quecksilber mit der Oxidationsstufe +1 wird in Medikamenten, als
Konservierungsstoff in Kosmetika, in elektronischen Geräten und in Desinfektionsmitteln und
antimikrobiellen Substanzen verwendet.
Das organische Ethylquecksilber wird z.B. in Impfstoffen verwendet. Das in Impfstoffen enthaltende
Thiomersal besteht zu 49 % aus Ethylquecksilber. Thiomersal wird in inaktivierten Impfstoffen wie
z.B. Grippeimpfstoffe verwendet. Das organische Phenylquecksilber wird in Fungiziden und
Bakteriziden zugesetzt. Das für die Nahrungskette von besonderer Bedeutung organische
Methylquecksilber entsteht in Folge von Stoffwechselprozessen in methanogenen Bakterien und
dem in das Wasser eingeleitete Quecksilber [7].

3. Toxikologie der Quecksilber-Ionen

3.1. Wirkung von Quecksilber auf den Organismus

Wie eine Quecksilberbelastung sich auf die Gesundheit auswirkt, hängt davon ab, welche Quecksilberform aufgenommen wurde, und ob die Aufnahme akut oder chronisch erfolgte [1]. Akute Vergiftungen mit Quecksilber treten plötzlich auf z.B. durch die orale Aufnahme von Quecksilbersalzen. Zu diesen Quecksilbersalzen gehören u.a. Quecksilbersulfid und Quecksilber-I-chlorid.
Chronische Vergiftungen mit Quecksilber treten auf wenn man z.B. wie im Fall in Minamta über längere Zeit geringe Dosen Methylquecksilber durch Fisch aus methylquecksilberhaltigen belasteten Gewässern zu sich nimmt. Wird methylquecksilberhaltiger Fisch über längere Zeit verzehrt, akkumuliert das Methylquecksilber im Körper und es kommt zu einer schleichenden Vergiftung.

Vom toxikologischen Interesse sind besonders die Quecksilber-Ionen, in Wertigkeiten +1 und +2. Da die einwertigen Quecksilber-Ionen im Blut sehr schnell in zweiwertige Quecksilber-Ionen umgewandelt werden, ist das zweiwertige Quecksilber-Ion von besonderer toxikologischer Bedeutung. Die Aufnahme der Ionen kann oral oder über die Haut erfolgen [1].

Werden Quecksilber-Ionen oral aufgenommen können sie schlecht im Gastrointestinaltrakt aufgenommen werden. Da sie nicht lipidlöslich sind können sie die Membran schwer durchdringen. Nur lipidähnliche und unpolare Moleküle können, auf Grund ihrer Ähnlichkeit mit den Membranlipiden, die Membran leicht passieren
Quecksilber-Ionen werden mit dem Blut durch alle Organe weitergeleitet und reichern sich vorwiegend in der Niere an. Eine besondere Affinität haben Quecksilber-Ionen zur Thiol-Gruppe. Quecksilber-Ionen sind in der Lage die Disulfid-Brücken der Proteine aufzubrechen. Die Tertiärstruktur des Eiweiß-Moleküls wird dadurch verändert und das Protein verliert seine Funktionsfähigkeit. Diese Störungen können in allen Organen und Geweben auftreten, besonders anfällig ist das Nervensystem.
Die Quecksilber-Ionen sind, auf Grund ihrer Lipidunlöslichkeit, nicht in der Lage die Blut-Hirn-Schranke oder die Plazenta- Barriere zu überwinden [1].
Ein geringer Teil der Quecksilber-Ionen wird durch enzymatische Prozesse in metallisches Quecksilber umgewandelt. In dieser Form kann das Quecksilber die Blut-Hirn-Schranke und die Plazenta-Barriere überwinden, so dass auch bei einer Aufnahme von Quecksilber-Ionen mit einer Anreichung im Gehirn und der Plazenta zu rechnen ist [1,9].

Bei den organisch gebundenen Quecksilberverbindungen sind besonders die kurzkettigen Alkylquecksilberverbindungen der Methyl- und Ethylquecksilberhalogenide toxikologisch interessant. Das Metyhlquecksilberkation (CH_3Hg^+) kann mit weichen Lewis-Basen, zu denen Halogenanionen, Cyanid, Rhodanid und Alkylthiolate zählen, kovalente Bindungen eingehen. Diese Verbindungen sind alle lipophil und können die Blut-Hirn-Schranke sowie die Plazenta Barriere überwinden.
Mit den harten Lewis-Basen wie Nitrat oder Sulfat bilden sich hingegen ionische Bindungen. In diesen Ionischen Verbindungen bleibt das Methylquecksilberkation ein hydratisiertes Kation $[CH_3Hg(H_2O)^+]$. Da ionischen Bindungen wasserlöslich sind, ist das Methylquecksilberkation in dieser Form weniger toxisch, da es durch die Wasserlöslichkeit Membranen nicht durchdringen kann und dadurch auch nicht die Blut-Hirn-Schranke und die Plazenta-Barriere überwinden kann. Das hydratisierte Methylquecksilberkation kann allerdings durch ein geeignetes Anion z.B. durch das Chlorid, welches in der Magensäure oder im Meerwasser vorkommt, in die lipophile Form umgewandelt werden, wodurch es membrangängig wird und Blut-Hirn-Schranke und Plazenta Barriere überwinden kann. Dadurch kommt es beim Menschen u.a. zu Störungen im zentralen Nervensystem und kann während der Schwangerschaft auf das ungeborene Kind übertragen werden und dort zu Schäden führen [1].

 Rückstandstoxikologie

**Hochschule für Technik
und Wirtschaft Berlin**
University of Applied Sciences

3.2. Symptome einer Quecksilberintoxikationen

Die toxische Wirkung von Quecksilber auf den Organismus ist von der chemischen Form des Quecksilbers abhängig. Da die verschiedenen Formen dem Quecksilber unterschiedliche Eigenschaften verleihen, führt dies auch zu unterschiedlichen Symptomen. Die Symptome der Quecksilbervergiftung hängen auch davon ab ob die Aufnahme des Quecksilbers chronisch oder akut erfolgte. Ein Überblick über die Symptome gibt die folgende Tabelle.

Tabelle 1: Symptome von akuter und chronischer Quecksilbervergiftungen [10]

	Akut	chronisch
Anorganisches Quecksilber	- Schmerzen und Ätzspuren im Mund - Metallgeschmack - blutige Durchfälle, Erbrechen - Speichelfluss, Quecksilberstomatitis - Elektrolytverschiebung - Kreislaufkollaps, Schock	- Leitsymptom: **Erythrismus mercuralis** - Metallgeschmack - Stomatitis, - Speichelfluss - ulzeröse Gingiva, Lockerung der Zähne
Organisches Quecksilber	- zentralnervöse Störungen - Übelkeit - Stomatitis - Schluckbeschwerden	- Leitsymptom: **Tremor mercuralis** - Störungen des peripheren Nervensystems - Polyneuropathie

3.3 Therapie bei einer Quecksilbervergiftung

Eine Vergiftung mit anorganischen Quecksilbersalzen kann mit einem Antidot (Gegengift) behandelt werden. Dabei kommen sogenannte Komplexbildner zum Einsatz. Diese Substanzen bilden, mit dem Quecksilber als Zentralatom, Metallkomplexe. Die Komplexbildner sind lipophil und in der Lage zwei oder mehrwertige Kationen in stabilen und ringförmigen Komplexen zu fixieren. Die Quecksilberkationen, die in den Komplexen gebunden sind, können nicht mehr an die Thiol-Gruppe der Aminosäuren binden. Somit wird verhindert, dass die Quecksilber-Ionen die Disulfidbrücken zwischen den Proteinen aufbrechen und die Tertiärstruktur der Proteine verändern. Das in den Komplexen gebundene Quecksilber kann auch schneller über die Niere ausgeschieden werden. Zum Einsatz kommen dabei Dimercaprol (BAL), Dimercaptobernsteinsäure (DMPS) und Dimercaptosuccinic acid (DMSA).
Allerdings verbietet sich der Einsatz von Komplexbildner bei Vergiftungen mit organischem Quecksilber. Durch die Lipidlöslichkeit von Dimercaprol wird ein vermehrter Einstrom von Quecksilber in das Zentrale Nervensystem bewirkt. Es würde somit zu einer Verstärkung der Symptomatik kommen [1,7].

4. Anreicherung von Quecksilber in der Nahrungskette

4.1. Globaler Quecksilberkreislauf

Quecksilber kann sowohl aus geogenen als auch aus anthropogenen Quellen in die Umwelt gelangen und ist auf Grund seiner Flüchtigkeit weltweit über die Erdatmosphäre verteilt. Durch natürliche Prozesse werden selten bedenkliche Konzentrationen erreicht. Jedoch können durch anthropogene Freisetzungen lokal sehr hohe Konzentrationen in der Atmosphäre erreicht werden. Durch die vermehrten anthropogenen Quecksilberemissionen hat sich auch der Quecksilbergehalt in den Ozeanen erhöht.
Zwischen der Troposphäre und den Ozeanen findet ein Austausch zwischen den verschiedenen Formen des Quecksilbers satt. An diesem Prozess ist das elementare Quecksilber (Hg^0), die anorganischen Quecksilbersalze (Hg^{2+}) und die organischen Verbindungen Monomethylquecksilber und Dimethylquecksilber beteiligt. In der Abb.2 ist der vereinfachte Quecksilberkreislauf dargestellt.

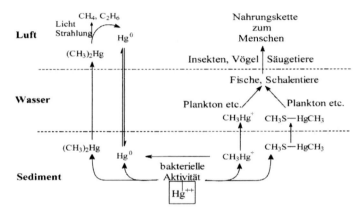

Abbildung 2: vereinfachter globaler Quecksilberkreislauf [1]

In der Abbildung 2 ist zu erkennen, wie die einzelnen Formen des Quecksilbers sich zwischen der Troposphäre und der Hydrosphäre umwandeln. Im Sediment von Gewässern lagert sich das elementare Quecksilber an und wird dort von Bakterien methyliert. Das Quecksilber (Hg^0) im Sediment stammt aus der Natur (z.B. Vulkanausbrüche). Durch anthropogen Einflüsse gelangen auch die anorganischen und organische gebundenen Quecksilber-Ionen in die Gewässer, z.B. durch die Verwendung von phenylquecksilberhaltigen Fungiziden in der Landwirtschaft. Diese Fungizide werden zur Haltbarmachung von Saatgut verwendet.
Jährlich werden 2500 t Quecksilber aus natürlichen Quellen und etwa 3600 t Quecksilber aus anthropogenen Quellen in die Atmosphäre emittiert.
Eine große Rolle bei der Akkumulation des Quecksilbers in der Nahrungskette spielt die Methylierung des Quecksilbers durch Bakterien. Das durch die Bakterien methylierte Quecksilber wird durch das Plankton aufgenommen und gelangt von dort u.a. zum Zooplankton. Vom Zooplankton gelangt das Methylquecksilber zu den Fischen. Die obersten Glieder dieser Nahrungskette sind die großen Raubfische wie z.B. der Hai und der Mensch.
Der Verzehr von methylquecksilberhaltigen belasteten Fischen stellt ein großes gesundheitliches Problem für den Menschen dar. Besonders Raubfische, die am Ende der Nahrungskette stehen, sind besonders stark belastet mit Methylquecksilber [11].

4.2. Grenzwerte

Laut der WHO können toxischen Effekte schon bei einer täglichen Aufnahme von 0,3 mg Quecksilber in Form von Methylquecksilber auftreten. Der Gesamtquecksilbergehalt beim Verzehr von Fischen wurde daraufhin auf 0,3 mg pro Woche festgelegt.

Nicht in allen Fischsorten sind von einer erhöhten Quecksilber-Kontamination vorhanden. Da Methylquecksilber fettlöslich ist lagert es sich verstärkt im Fettgewebe an. Von einer erhöhten Methylquecksilberkonzentration sind daher besonders die fettreichen Fischarten betroffen wie Haifisch, Hecht und Thunfisch. Die EU–Verordnung, (EG) Nr. 1881/2006, legt daher für den Verzehr dieser Fischarten eine Höchstmenge von 1,0 mg Hg pro Kilogramm Fisch fest. Bei den mageren Fischarten wird für den Verzehr eine Höchstmenge von 0,5 mg Hg pro Kilogramm Fisch festgelegt [12].

Die European Food Safety Authority (EFSA) empfiehlt Frauen in gebärfähigem Alter den Konsum von diesen Fischarten stark einzuschränken. Da Fisch jedoch Bestandteil einer ausgewogenen Ernährung ist, wurde der Konsum der Fischarten jedoch nicht untersagt.

4.3. Nachweis von Quecksilber in Lebensmitteln

Quecksilber kann in Lebensmitteln nach einem nasschemischen Aufschluss über Atomabsorption oder –fluoreszenzspektrometrie nachgewiesen werden. Dabei ist es wichtig, dass der Aufschluss so verlustarm wie möglich bleibt. Denn durch die hohen Aufschlusstemperaturen kann es passieren, dass das Methylquecksilber in die leicht flüchtige Organo-Chlor-Verbindung überführt wird und somit nicht nachgewiesen werden kann.
Deshalb wird seit vielen Jahren wird dafür der Mikrowellenaufschluss mit speziell isostatisch gepressten Polytetrafluorethylen Gefäßen (TFM™-PTFE) verwendet.

Der Aufschluss wird z.B. im TOPwave System (Abb.3) von Analytik Jena durchgeführt. Für den Aufschluss werden zuerst 250 -500 mg des getrockneten Probenmaterials eingewogen und in einer Säuremischung (5 ml HNO_3 und 2 ml H_2O_2) bei 180 °C für 15-20 min aufgeschlossen. Die Proben werden dann mit bidestilliertem Wasser überspült und auf 25 ml verdünnt.

Abbildung 3: Mikrowellenaufschluss-System von Jena [13]

Die Analyse des Quecksilbers erfolgt mit einem Fließinjektions-Quecksilberanalysator. In Abb.4 ist der Quecksilber-Analysator mercur von Analytik Jena abgebildet. Der Fließinjektions-Quecksilberanalysator basiert auf dem Fluoreszenzprinzip. Für die Quecksilberbestimmung benötigt man nur kleine Probenmengen. Sie erlaubt Bestimmungen im ng/L Bereich [14].

Abbildung 4:Fließinjektions-Quecksilberanalysator von Analytik Jena [13]

5. Abschließende Beurteilung der Quecksilberproblematik

Quecksilber ist ein ubiquitäres Umweltgift. Es ist nicht essentiell für den Menschen, aber die Aufnahme in den menschlichen Körper kann ernsthafte Störungen des Nervensystems hervorrufen oder zum Tode führen.
Elementares Quecksilber kann durch mikrobielle Stoffwechselprodukte in das toxische Methylquecksilber umgewandelt werden. Methylquecksilber ist lipophil und kann Membranen durchdringen und die Blut-Hirn-Schranke und die Plazenta-Barriere überwinden.
Die Umweltbelastung ist ein globales Problem. Quecksilber wir aus geogenen Quellen wie Vulkane freigesetzt. Durch anthropogene Einflüsse wie die Verbrennung von Kohle wurde in der Vergangenheit vermehrt Quecksilber der Umwelt zugeführt. Dadurch hat sich in den Gewässern vermehrt elementares Quecksilber im Sediment abgelagert und wurde durch methanogenen Bakterien methyliert.
Methylquecksilber akkumuliert sich verstärkt in der aquatischen Nahrungskette. Menschen die besonders viel Fisch und Meeresfrüchte essen sind verstärkt von einer Vergiftung mit Methylquecksilber betroffen.

Ziel in der Europäischen Union ist u.a. die Verringerung der Quecksilberwerte in der Umwelt und der Exposition des Menschen, insbesondere dem in Fischen enthaltenem Methylquecksilber. Eine Hauptquelle für die Freisetzung von Quecksilber ist die Verbrennung von Kohle. Die Kohleverbrennung wird z.B. in der Richtlinie 2001/80/EG geregelt.
Neben der Reduzierung von Quecksilberemission gibt es auch Alternativen für die Verwendung von Quecksilber. Einige Beispiele für Alternativen sind in der Tabelle 2 zusammengefasst.

Tabelle 2: Alternativen zur Verwendung von Quecksilber

Quecksilberquelle	Alternative
Kohlekraftwerke	- erneuerbare Energiequellen - Kontrolle der Quecksilberemission - Nutzung von quecksilberarmer Kohle
Amalganfüllungen	- Keramik - Verbundstoffe
Thermometer	- elektronische Thermometer - Glasthermometer mit Flüssigkeiten wie z.B. Alkohol
Sphygmomanometer	- automatische Geräte - halbautomatische Geräte

Wenn die Verwendung von Quecksilber weiterhin eingeschränkt wird, wird auch weniger Quecksilber in die aquatische Umwelt gelangen und somit wird der Fisch auch weniger belastet mit Methylquecksilber sein. Die Europäische Behörde für Lebensmittelsicherheit (ELBS) kam zum Schluss, dass Menschen die vermehrt Fisch (insbesondere die fettreichen Fischsorten) verzehren, die festgelegten Richtwerte erreichen oder sogar überschreiten. Die ELBS bezieht sich dabei auf die Richtwerte die in der Verordnung (EG) Nr. 466/2001 festgelegt wurden.
Im Auftrag des Bundesinstituts für Risikobewertung (BfR) wurden 2008 neue analytische Methoden zur Bestimmung des Methylquecksilbergehaltes in Fischereierzeugnissen etabliert.
Dabei kam heraus, dass keiner der untersuchten Fischsorten, die Grenzwerte der Verordnung (EG) Nr. 1881/2006 überschritten hat [14].
Nach diesem Forschungsbericht kann man davon ausgehen, dass Vergiftungen durch methylquecksilberhaltigen Fisch fast ausgeschlossen sind. Vorausgesetzt man ernährt sich nicht ausschließlich von fettreichen Fischsorten wie z.B. dem Haifisch.
Man kann davon ausgehen, dass noch weitere Untersuchungen in dem Bereich stattfinden werden und neue analytische Methoden entwickelt werden um das genaue Risiko einschätzen zu können.

Rückstandstoxikologie

htw.

**Hochschule für Technik
und Wirtschaft Berlin**

University of Applied Sciences

6. Literaturverzeichnis

[1] **G. F. Fuhrmann:** Toxikologie für Naturwissenschaftler, 1. Aufl., Teubner, 2006

[2] http://www.soshisha.org/deutsch/tenthings.html (06.12.2012)

[3] http://www.photofrontal.ch/details.php?image_id=3927 (09.12.2012)

[4] http://www.vbg.de/glaskeramik/arbhilf/form/ib_quecksilber.pdf (09.12.2012)

[5] http://www.seilnacht.com/Lexikon/Zinnober.htm (09.12.2012)

[6] http://www.geschichteinchronologie.ch/med/amalgam-gutachten/02_quecksilber-vorkommen-u-wirkungen.html (09.12.2012)

[7] http://www.greenfacts.org/de/glossar/abc/organische-quecksilberverbindungen.htm (09.12.2012)

[8] http://www.bund.net/fileadmin/bundnet/pdfs/chemie/20070300_chemie_quecksilberstudie.pdf (09.12.2012)

[9] http://soziologie-etc.com/med/amalgam/amalgam-gutachten/02_quecksilber-vorkommen-u-wirkungen.html (10.12.2012)

[10] **G. Kojda,** Pharmakologie Toxikologie Systematisch, UNI-MED Verlag AG, 2.Auflage, 2002

[11] https://www.dafne.at/prod/dafne_plus_common/attachment_download/e76afb53f065b8617a5b545762a5a936/Schlussbericht_2.pdf (13.12.2012)

[12] EU Verordnung (EG) Nr. 1881/2006

[13] http://www.analytik-jena.de/de/analytical-instrumentation/produkte/quecksilber-analysatoren.html (16.12.2012)

[14] http://www.berghof.com/multimedia/Downloads/BPI/Pressedownloads/PDF_SD_148_150_Berghof_GIT0309.pdf (28.12.2012)

[15] http://www.bfr.bund.de/cm/343/exposition_mit_methylquecksilber_durch_fischverzehr.pdf (29.12.2012)